BULLETIN
DE LA SOCIÉTÉ IMPÉRIALE ZOOLOGIQUE D'ACCLIMATATION

(Séance du 31 octobre 1863.)

Extrait du numéro de janvier 1864.

CONSIDÉRATIONS

SUR L'ACCLIMATATION

DU BOMBYX ARRINDIA

(Ver à soie du Ricin),

PRÉSENTÉES

À LA SOCIÉTÉ IMPÉRIALE D'ACCLIMATATION

PAR

M. JEAN ROY

Officier en retraite à Villiers-le-Bel (Seine-et-Oise),
Chevalier de l'ordre impérial de la Légion d'honneur et de l'ordre pontifical de Pie IX
Membre de la Société impériale d'acclimatation
et de la Société académique du département de la Marne.

PARIS

IMPRIMERIE DE E. MARTINET
RUE MIGNON, 2

1864

BULLETIN

DE LA SOCIÉTÉ IMPÉRIALE ZOOLOGIQUE D'ACCLIMATATION.

(Séance du 30 octobre 1863.)

Extrait du numéro de janvier 1864.

CONSIDÉRATIONS

SUR L'ACCLIMATATION

DU BOMBYX ARRINDIA

(Ver à soie du Ricin),

PRÉSENTÉES

A LA SOCIÉTÉ IMPÉRIALE D'ACCLIMATATION

PAR

M. JEAN ROY

Officier en retraite à Villiers-le-Bel (Seine-et-Oise),
Chevalier de l'ordre impérial de la Légion d'honneur et de l'ordre pontifical de Pie IX,
Membre de la Société impériale d'acclimatation
et de la Société académique du département de la Marne.

PARIS

IMPRIMERIE DE E. MARTINET
RUE MIGNON, 2.

1864

AVANT-PROPOS.

S'il est, dans l'ordre économique, un fait incontesté et incontestable, c'est assurément la prodigieuse détresse que subit depuis trois ans l'industrie cotonnière, particulièrement en France et en Angleterre, par suite de la raréfaction de la matière textile qui l'alimente, amenée par la déplorable guerre civile d'Amérique.

Cette crise désastreuse est arrivée aujourd'hui à un point tel que la cessation même des dissensions américaines serait impuissante à la conjurer. En effet, quel que soit le résultat final de la lutte, on peut, je crois, considérer l'institution de l'esclavage comme à jamais anéantie dans les États de l'Union jadis producteurs du coton. Or, sans le travail des noirs, on ne saurait douter que la culture de la plante dont il s'agit n'y devienne impraticable. Elle ne pourrait se faire bien certainement par des bras qu'une longue habitude du *far niente*, non moins que la température du climat, rend impropres à un labeur aussi fatigant.

Cette conviction semble être celle du monde industriel, car on voit de tous côtés s'organiser de grandes sociétés ayant pour but le développement de la culture du coton, partout où elle paraît possible; mais, quelle que soit l'extension que prenne la production de cette fibre, en Europe, en Asie ou en Afrique, jamais, selon toute apparence, on ne parviendra à combler le vide des produits américains, qui ne s'élevaient à guère moins d'un milliard de kilogrammes par année, au moment où la sécession est venue en tarir la source.

Quoi qu'il en soit, on ne saurait espérer voir le prix de cette matière revenir au taux si modique auquel il était descendu en 1860, pas plus qu'on ne peut compter sur le maintien des prix exorbitants généralement cotés, sur les divers marchés, pendant l'année 1863.

La culture du coton dans l'ancien continent, aussi développée qu'on la suppose, ne constituera donc qu'un remède palliatif au malaise profond dont souffre l'industrie, tant qu'on n'y aura pas ajouté quelque puissant auxiliaire, en recherchant toutes les matières textiles susceptibles de suppléer, au moins en partie, à la rareté du coton, et de rendre à nos manufactures cet élan remarquable qu'ont si malheureusement arrêté les tristes événements d'Amérique.

Aucune matière, à mon avis, ne serait plus propre à remplir ce but, que la soie provenant des diverses espèces de Bombyx sauvages de l'Inde, de la Chine et du Japon, dont la Société impériale zoologique d'acclimatation ne cesse, depuis dix ans, d'encourager, par tous les moyens en son pouvoir, l'introduction en Europe.

Jusqu'à présent, il faut le dire, l'éducation des Vers à soie du Ricin, de l'Ailante et du Chêne n'a encore guère, à peu d'exceptions près, été l'objet que de petites expérimentations théoriques de la part de savants ou d'amateurs qui s'y livraient, plutôt dans un but d'étude, de curiosité ou de distraction, qu'au point de vue d'une exploitation sérieuse et véritablement industrielle, ce qui est profondément regrettable.

L'auteur de cette petite étude a des visées plus étendues, car il n'aspire à rien moins qu'à faire entrer l'élevage de l'un de ces Vers à soie, celui du Ricin, dans le domaine industriel, et de doter ainsi, d'une part l'agriculture d'une nouvelle et féconde source de richesses, d'autre part l'industrie manufacturière d'une matière bien supérieure au coton, sous tous les rapports, quoique d'un prix de revient qui sera probablement inférieur à celui qui résulte de la culture du *Gossypium* exécutée par le travail libre.

Il est si profondément convaincu de l'infaillibilité de l'entreprise, qu'il n'hésiterait nullement à mettre son temps et son intelligence à la disposition des capitalistes qui voudraient tenter la mise en pratique de ses idées, persuadé qu'on arriverait très-promptement à un résultat dont les conséquences économiques seraient de la plus haute importance.

Ce mémoire traite particulièrement la question de l'élevage du Ver à soie du Ricin, parce que, dans les contrées inaccessibles aux gelées, cet insecte donnera au moins huit récoltes de cocons par an, sans exiger de grandes mises de fonds pour premier établissement ; parce que les frais de culture du Ricin, ainsi que ceux d'éducation en plein air, du *Bombyx Arrindia*, n'exigeront que de très-modiques dépenses, et que, par conséquent, la soie produite par cette chenille devra présenter un prix de revient d'autant plus minime, que la production en sera plus abondante et ne souffrira, pendant toute l'année, aucun temps d'arrêt, aucun chômage résultant des révolutions périodiques des saisons.

On ne saurait mettre en doute qu'une Société qui entreprendrait l'éducation de l'insecte séricigène dont il s'agit, sur une très-large échelle, ne trouvât un ample revenu des capitaux, peu importants d'ailleurs, qu'elle engagerait dans une semblable affaire.

Si, avant d'entreprendre une opération de cette nature, on voulait faire une campagne d'essai, ainsi, du reste, que la prudence le commande, on aurait, au bout d'un an, des données positives sur l'importance des produits, sur leur qualité et sur leur prix de revient. Cette expérimentation, qui, pour être complétement concluante, devrait se faire sur une échelle suffisamment étendue, de 25 à 50 hectares au moins, ne coûterait que quelques milliers de francs, et fournirait des bases de calcul d'une entière certitude.

Si l'on annonçait la découverte, même problématique, d'un nouveau gisement minéralogique de quelque nature que ce fût, il ne manquerait pas de capitalistes qui s'empresseraient à l'envi de faire les fonds nécessaires pour en vérifier la richesse et l'exploitabilité ; comment ne s'en trouverait-il pas quelqu'un qui osât avancer une très-minime somme d'argent pour ouvrir à l'exploitation une mine, pour ainsi dire inépuisable, d'une matière textile dont le faible coût de production, d'une part, ainsi que, d'autre part, des qualités du premier ordre, déjà vérifiées et constatées par les plus habiles manufacturiers, assureraient les résultats les plus lucratifs ?

Qu'on veuille bien étudier la question consciencieusement, sans parti pris et sans prévention, et l'on se convaincra sans peine, j'ose l'espérer, qu'il y a là des bases solides pour une magnifique spéculation industrielle.

CONSIDÉRATIONS

SUR

L'ACCLIMATATION DU BOMBYX ARRINDIA

(Ver à soie du Ricin).

Messieurs,

Depuis dix ans que la Société impériale zoologique d'acclimatation a été fondée, l'un des objets qui ont excité au plus haut degré sa sollicitude, a été certainement l'introduction dans nos contrées de plusieurs espèces exotiques de Vers à soie sauvages, vivant en pleine liberté sur divers végétaux.

Il suffit, messieurs, de parcourir les Bulletins de la Société pour reconnaître qu'en effet pas une seule de vos réunions n'a eu lieu, peut-être, sans que vous ayez traité ce sujet important ; que pas une seule de vos séances générales n'a été tenue, sans qu'il trouvât une large place dans les comptes rendus qui vous sont lus à cette occasion.

La Société d'acclimatation a d'ailleurs donné la mesure du haut intérêt qu'elle attache à cette question, en fondant dès le début, et en distribuant libéralement, chaque année, de nombreux prix et médailles pour encourager les travaux de toute sorte rentrant dans cet ordre d'idées.

Parmi les divers insectes séricigènes dont la Société a eu à s'occuper, le *Bombyx Arrindia* (Ver à soie du Ricin) a été, sans contredit, l'un de ceux pour l'acclimatation desquels les plus grands efforts ont été faits. Ces efforts sont malheureusement restés infructueux jusqu'ici, en ce qui le concerne, et leur insuccés a presque relégué dans l'oubli cet intéressant Ver à soie.

Il y a eu peut-être, messieurs, autant d'exagération dans l'engouement général dont il a été l'objet, de 1854 à 1858, qu'il y en a aujourd'hui dans l'abandon où l'on semble le laisser, depuis que son heureux congénère, le *Bombyx Cynthia*, est venu prendre place dans les préoccupations des personnes, en grand nombre, que cette question a le privilége de passionner. Aussi l'acclimatation de ce dernier peut-elle être déjà considérée comme accomplie, tandis que celle de l'*Arrindia* semble de plus en plus délaissée.

Ce discrédit est-il complétement mérité? Je ne le pense pas, et je vais tâcher, messieurs, de réhabiliter à vos yeux le Ver à soie du Ricin, en essayant de démontrer que l'exploitation de ce précieux insecte est sinon facile, du moins très-possible dans le midi de la France et de l'Europe, mais surtout dans le nord de l'Afrique.

Il faut d'abord rechercher quelles sont les causes d'insuccès signalées dans les nombreux rapports que vous ont adressés les personnes qui ont essayé l'éducation du *Bombyx Arrindia* (1) sur une échelle plus ou moins restreinte. A cet égard, permettez-moi de rappeler brièvement à vos souvenirs les circonstances qui se rattachent au Ver à soie du Ricin, depuis dix ans qu'on est parvenu à obtenir en Europe la première éclosion de ses jeunes chenilles.

Dès votre première réunion, le 10 février 1854, notre savant confrère M. Guérin - Méneville vous faisait savoir qu'il attendait du Bengale un envoi de cocons vivants du *Bombyx Arrindia*. Mais malheureusement son correspondant lui mandait bientôt que toutes les phases de l'existence de

(1) Par une erreur due à l'absence de connaissances suffisantes, on a confondu pendant quelque temps le *Bombyx Arrindia* de l'Inde avec le *Bombyx Cynthia* de la Chine. Ils ont du reste entre eux la plus grande analogie, et l'on avait dans l'origine donné au Ver à soie du Ricin le nom de *Cynthia*, qui a été reconnu depuis appartenir en réalité à la chenille qui se nourrit des feuilles de l'Ailante.

cet insecte s'accomplissant dans un court intervalle de quarante à quarante-cinq jours, pour recommencer immédiatement, il regardait comme impossible l'arrivée utile de Calcutta à Paris, soit des cocons vivants, soit des œufs fécondés.

A la même époque, un des plus illustres savants de l'Italie, M. le chevalier Baruffi, président de l'Université royale de Turin, qui, depuis longtemps déjà, s'occupait du même projet, de concert avec son ami M. Bergonzi (de Boulogne-sur-mer), était parvenu, grâce à la persévérance de M. Piddington (de Calcutta), et après deux années de tentatives infructueuses, à faire arriver à Malte quelques cocons vivants du précieux lépidoptère. Reçus au mois de janvier 1854, par S. Exc. sir William Reid, gouverneur général de l'île de Malte et savant agronome lui-même, ils lui permirent enfin de réaliser la première éducation de l'*Arrindia* qui ait été faite en Europe, et il s'empressa d'envoyer à Turin les premiers cocons qu'il obtint, dès le mois de mars suivant.

Ce résultat presque inespéré vous a paru, messieurs, avoir une importance telle que vous n'avez pas hésité à conférer la plus haute récompense dont vous puissiez disposer, le titre de membre honoraire, à MM. le chevalier Baruffi, Bergonzi, Piddington et W. Reid, aux efforts intelligents et persévérants desquels la réussite était due.

Au mois de juillet de la même année, le Muséum d'histoire naturelle de Paris recevait de Turin des œufs du nouveau Bombyx, et, dans la séance de l'Académie du 28 août suivant, M. le professeur Milne Edwards rendait compte du succès complet de la première éducation en France du Ver à soie du Ricin, obtenue par lui aussi bien en plein air que dans le cabinet.

Je craindrais, messieurs, d'abuser de votre patience en continuant de faire passer sous vos yeux tous les incidents qui, depuis dix ans, vous ont été signalés dans les innombrables essais auxquels a donné lieu l'éducation de l'*Arrindia*, non-seulement en France et en Europe, mais sur tous les points du globe où notre Société a des correspondants. Les dix volumes des Bulletins de vos séances sont remplis de détails sur les diverses chances bonnes ou mauvaises qui, suivant les lieux et les personnes, ont accompagné les nombreuses expérimentations faites pour étudier pratiquement la question.

Malheureusement, si le nombre des expérimentateurs a été considérable, presque toutes les opérations ont été faites sur une trop petite échelle ; la plupart en chambres closes, chauffées souvent, ou d'après les pratiques usitées pour l'élevage du Ver à soie du Mûrier. On ne pouvait, dans cette voie, que rencontrer des échecs.

En effet, messieurs, presque tous les comptes rendus qui vous ont été adressés au sujet des tentatives faites dans de semblables conditions, accusent à peu près uniformément l'impraticabilité industrielle de l'éducation du *Bombyx Arrindia*, tandis que les deux seuls praticiens qui aient opéré en plein air sur une base d'une certaine étendue, M. Meyer à Montévidéo, et M. le comte de Vega-Grande aux Canaries, vous annoncent une complète réussite.

Le moment me semble donc venu où les théoriciens, ayant suffisamment élucidé tous les côtés de la question, doivent laisser la place aux praticiens. Ceux-ci trouveront, dans les précieux travaux de leurs devanciers, toutes les lumières propres à les guider dans cette nouvelle industrie, qui n'attend, pour prospérer et devenir l'une des plus fructueuses auxquelles puisse donner lieu l'exploitation de la terre, que des gens de cœur, d'énergie et de conviction profonde. Puissions-nous en voir bientôt quelqu'un à l'œuvre !

Ainsi que vous le savez tous, messieurs, le *Bombyx Arrindia* jouit d'une faculté rare et bien précieuse, celle de se reproduire incessamment, d'accomplir successivement et sans interruption l'évolution constamment renouvelée de son existence, en quarante ou quarante-cinq jours, sans jamais présenter ce temps d'inertie plus ou moins prolongé qu'on remarque chez les autres lépidoptères, soit à l'état de chrysalides, soit à l'état d'œufs. Pour celui qui nous occupe, point de temps d'arrêt dans la perpétuelle activité de la vie ; activité qu'il partage avec le végétal que la nature lui a assigné pour nourriture normale, et que l'un et l'autre semblent avoir puisée dans la température tropicale des régions d'où ils tirent leur commune origine.

Par une bizarrerie bien remarquable, c'est précisément cette aptitude exceptionnelle de donner sans cesse et sans fin de nouvelles et nombreuses générations, aptitude à laquelle il semblerait rationnel d'attribuer une cause de faveur particulière, qui a provoqué au contraire l'abandon dans lequel semble être aujourd'hui tombé l'*Arrindia*.

C'est qu'en effet on rencontre un assez grand embarras et une cause majeure de dépense dans l'obligation inhérente à nos climats tempérés, où un froid plus ou moins rigoureux succède invariablement aux chaleurs, d'entretenir une éducation hivernale en serre chaude, sous peine de voir fatalement s'éteindre la race de notre Ver à soie.

Pour n'avoir pas pris cette inévitable précaution, sir William Reid, le premier éducateur de l'*Arrindia* en Europe, après avoir obtenu à Malte, pendant l'été de 1854, de nombreuses et magnifiques générations qu'il s'était fort heureusement empressé de répandre libéralement, vit, en décembre 1854 et janvier 1855, tous ses Vers périr successivement sous l'influence d'une température trop basse.

M. Hardy, le savant directeur du jardin d'acclimatation d'Alger, qui avait été l'un des premiers à recevoir des cocons produits à Malte en 1854, a pu, grâce à ses éducations en chambre chauffée, conserver l'espèce jusqu'à ce jour, mais au prix de dépenses qui, ainsi qu'il vous le déclarait, rendraient cette opération trop onéreuse pour être entreprise industriellement.

Notre précieuse race a été également entretenue saine et sauve à Paris par les soins intelligents de M. Vallée, gardien de la ménagerie des reptiles au Muséum d'histoire naturelle, où il ne cesse de continuer, dans ce milieu ou règne constamment une température égale, de petites éducations purement conservatrices de l'espèce. C'est peut-être aujourd'hui la seule source en Europe (avec vos ateliers de sériciculture du Jardin d'acclimatation) d'où l'on puisse tirer des œufs de *Bombyx Arrindia* de pur sang.

Une autre circonstance ayant une certaine analogie avec la précédente vient encore apporter un nouvel obstacle à l'éducation industrielle et agricole en France du *Bombyx Arrindia* : c'est que le Ricin lui-même, qui constitue la nourriture normale de cet insecte, ne peut supporter la rigueur de nos hivers et gèle régulièrement. Les divers succédanés qui ont été expérimentés et conseillés peuvent bien être employés dans une petite éducation de cabinet, mais la grande industrie ne saurait compter sur un semblable expédient.

Dès ses premiers essais à Alger, en 1854, M. Hardy, notre infatigable et si habile confrère, ne tarda pas à reconnaître et à constater la rusticité et la facilité d'éducation du nouveau Ver à soie. Grâce à la persistance de la végétation du Ricin en Algérie, où il croît spontanément à l'état d'arbuste vivace, il a pu, comme je le disais tout à l'heure, mener à bien et continuer jusqu'à présent de petites éducations faites en magnanerie, comme pour les Vers du Mûrier.

Malheureusement M. Hardy, que bien d'autres soins et détails préoccupent, n'a pu faire que des éducations en chambre, celles qu'il a essayées en plein air ne lui ayant pas réussi. Aussi tire-t-il de ses expériences la conclusion inévitable et toute logique que de semblables opérations ne sont pas de nature à rémunérer convenablement de leurs peines et de leurs dépenses les personnes qui pourraient vouloir les entreprendre dans un but industriel.

M. Hardy a bien tenté une éducation en plein air sur un demi-hectare de Ricins, dans le jardin confié à sa direction ; mais il a obtenu le même résultat négatif que tous les autres expérimentateurs qui ont opéré sur une échelle trop restreinte. Ses Vers ont tous, ou presque tous, disparu en peu de temps, dévorés par les oiseaux et par une infinie variété d'insectes carnassiers, très-avides de nos pauvres chenilles, et qui doivent se trouver en bandes innombrables dans le magnifique et riche jardin du Hamma. Cet insuccès n'a rien qui doive étonner. La réussite seule eût été surprenante dans de semblables conditions.

Mais n'en eût-il pas été tout autrement, si M. Hardy avait eu

le loisir et la possibilité de planter, non pas un demi-hectare,
mais 20, mais 50, mais 100 hectares de Ricin au beau milieu de
la plaine de la Mitidja? Je crois pouvoir regarder comme certain que, dans ces nouvelles conditions, il n'eût pas manqué
d'obtenir un résultat tout différent, et qu'à l'heure qu'il est,
l'acclimatation pratique et industrielle du Bombyx du Ricin
en Algérie serait un fait acquis.

Je m'étonne même que nul colon sérieux n'ait tenté cette
épreuve décisive. Il est vrai de dire que les véritables colons
sont encore assez rares en Algérie, et que jusqu'à présent
ceux que l'on y rencontre n'ont pas été fort entreprenants en
fait de cultures nouvelles. Que de peines, que de soins n'a-t-il
pas fallu pour les amener à cultiver le Tabac! Que de sacrifices, presque en pure perte jusqu'ici, l'État n'a-t-il pas faits
pour généraliser dans notre colonie la culture du Coton!
Mais je m'arrête, ces réflexions n'étant peut-être pas ici à leur
place.

M. Hardy établit de la façon la plus positive que la culture
du Ricin en Algérie, faite au seul point de vue de la récolte de
la graine, est par elle-même une culture largement rémunéra-
trice (1). D'après lui, un hectare de Ricins soigneusement
cultivé doit donner un produit brut de 1430 francs environ.
Or, les frais de culture étant fort peu importants, puisque,
une fois semé, cet arbuste donne ses récoltes pendant huit
ou dix ans, sans exiger d'autres soins que quelques légers
binages, on voit qu'en effet, le rendement net doit procurer
au cultivateur un assez beau bénéfice. Notre savant expérimentateur tire de là cette conclusion toute naturelle, que la
feuille destinée à la nourriture de la larve de l'*Arrindia* ne
coûtera absolument rien à celui qui voudra se livrer à l'élevage de cet insecte.

Ce n'est que dans le mode d'éducation en magnanerie que
M. Hardy rencontre les éléments de dépenses qu'il trouve,
avec juste raison, hors de proportion avec la valeur vénale

(1) En 1854, la chambre de commerce d'Alger a appliqué un encouragement à la production de la graine du Ricin, pour la fabrication de l'huile,
de même qu'elle l'avait déjà fait pour le Sésame et pour l'Arachide.

du produit. Ainsi c'est, d'une part, l'emploi permanent de femmes occupées à cueillir et à préparer la feuille pour la nourriture des Vers, à nettoyer les claies, etc., etc. Or, ces dépenses disparaissent complétement par l'éducation en plein air, sur les plantes elles-mêmes, telle qu'elle se pratique avec succès, pour l'*Arrindia*, à Montévidéo, chez M. Meyer; à la grande Canarie, chez M. le comte de Vega-Grande; et pour le *Cynthia*, sur l'Ailante, au château du Coudray-Montpensier, près de Chinon, chez M. le comte de Lamote-Baracé; enfin au château de Cauenx, près de Mont-de-Marsan, chez M. de Milly. Tous ces faits vous sont bien connus, messieurs, car chacun d'eux vous a paru mériter et a effectivement obtenu quelqu'une de vos précieuses récompenses.

D'autre part, M. Hardy fait entrer en ligne de compte une dépense assez considérable pour le chauffage des chambres, laquelle élève dans une forte proportion le total de ses frais. C'est encore une dépense, sinon à supprimer complétement, du moins à réduire de beaucoup, les éducations devant être suspendues en totalité ou en partie, comme je l'indiquerai plus loin, pendant la saison où l'abaissement de la température ne permettrait plus aux chenilles de vivre dehors.

En outre, M. Hardy fait valoir la difficulté de disséminer d'une façon satisfaisante et économique les jeunes Vers sur les plantes, opération qu'il représente comme très-délicate, et dans laquelle, dit-il, on n'est pas sûr de réussir. A cela je répondrai que M. Hardy lui-même, et avec lui tous les expérimentateurs, ont constaté que les larves de l'*Arrindia* ne restent point inertes à attendre patiemment qu'on leur serve leur nourriture, et qu'elles mettent au contraire une activité prodigieuse à courir à sa recherche. Je lis ceci dans le Mémoire du savant membre de la Société d'acclimatation, que j'essaye de réfuter : « Durant la période d'appétit qui se fait remarquer à
» chaque âge, si la nourriture vient à leur manquer ou à se
» faire simplement attendre, ils quittent les claies et se met-
» tent en campagne pour en chercher, bien différents en cela
» des Vers à soie ordinaires, qui, en pareille circonstance, se
» laisseraient stoïquement mourir de faim. C'est pour cela

» que, dans leurs moments d'appétit, il faut veiller avec le
» plus grand soin à ce que la nourriture ne leur manque pas
» un seul instant. Leur velléité d'émigration se trouve encore
» augmentée, en cas de manque d'aliment, si la température
» est élevée. »

Cette observation parfaitement juste de M. Hardy est confirmée par toutes les personnes qui ont fait quelque petite éducation de cabinet. J'ai bien souvent observé moi-même, — depuis trois ans que je me suis livré à maintes éducations d'*Arrindia* et de *Cynthia*, tant en chambre qu'en plein air, — que, dès que la nourriture offerte aux Vers ne leur convient pas ou ne leur convient plus, on les voit partir dans toutes les directions avec une rapidité d'autant plus étonnante qu'elle contraste avec leur quasi-immobilité tant qu'ils sont fixés sur des feuilles leur offrant l'aliment toujours frais dont ils ont besoin.

Ne perdons pas de vue que nous avons affaire à un insecte essentiellement sauvage et montrant jusqu'à présent peu d'aptitude à la domestication. Traitons-le donc selon les lois de sa nature, en l'abandonnant à la liberté, qui paraît lui être chère, et nul doute que la dissémination dans les plantations sera beaucoup plus satisfaisante, étant laissée à son instinct, que si nous voulions la confier aux soins, bien souvent peu éclairés, de manœuvres. Du moment que les plantations présenteront des lignes, des haies non interrompues, il suffira assurément de placer de distance en distance, suivant l'abondance des feuilles, quelques milliers de Vers qui ne tarderont pas à gagner de proche en proche les parties de la plantation non encore attaquées. Il ne restera qu'à apprécier à peu près (ce que l'expérience pratique apprendra bien vite à l'homme le moins intelligent) quelle est la proportion de Vers à déposer sur les plantations, en raison des quantités de feuilles à consommer.

J'arrive à l'objection capitale émise maintes fois, et qu'un grand nombre d'observateurs ont présentée comme un obstacle invincible à toute éducation en plein air.

Les oiseaux insectivores, dit-on, les guêpes, les fourmis,

les araignées, et une foule d'autres insectes carnassiers et suceurs, sont des ennemis d'autant plus redoutables, qu'on n'a jusqu'ici trouvé aucun moyen efficace de les combattre; de telle sorte qu'un très-petit nombre de Vers parviennent à leur échapper.

Il faut, je crois, laisser de côté tous les moyens plus ou moins praticables proposés pour garantir nos élèves de l'atteinte de leurs ennemis. Je n'en excepte pas même le procédé préconisé en dernier lieu par un agriculteur bien connu du département de la Marne, et consistant à tendre des filets au-dessus des plantations pour les préserver de l'approche des oiseaux.

L'idée ne me paraît guère plus neuve qu'ingénieuse, et elle n'aurait de valeur qu'autant que le prix des filets ne serait pas de beaucoup supérieur à la somme du dommage garanti.

Les dégâts occasionnés par les oiseaux sont d'ailleurs bien moindres que ceux provenant du fait des insectes.

Le seul moyen, à mon avis, de remédier aux inconvénients dont il s'agit, consiste à développer les éducations sur la plus grande échelle possible.

En effet, le nombre des oiseaux et des insectes carnassiers ne peut pas croître dans une proportion mathématique comme le nombre des Vers que nous sommes toujours maîtres d'augmenter presque indéfiniment Si, par exemple, étant donnée une petite exploitation d'un hectare d'étendue, les animaux nuisibles nous enlèvent 50 pour 100 de la population de Vers que nous y avions déposée, en portant à 10 hectares l'étendue de la plantation, la perte sera, sans doute, infiniment moindre et ne dépassera peut-être pas 5 pour 100; et si nous allons jusqu'à 100 hectares, il est parfaitement évident que la perte sera réduite à une fraction insignifiante.

En d'autres termes, une petite éducation de quelques centaines, de quelques milliers de Vers, faite sur un massif peu étendu, dans un jardin situé au milieu des habitations, ne donnera, selon toute probabilité, que des résultats négatifs. Tous les expérimentateurs ont constaté, et j'ai moi-même constamment reconnu que, dans ces conditions, les oiseaux, les guêpes surtout, laissent à peine subsister quelques chenilles qui, plus heureuses que les autres, parviennent à se cacher assez pour échapper aux recherches de leurs ennemis. Cela n'a certes rien qui doive exciter la surprise et le découragement ; car, si l'on veut bien y faire attention, il en est absolument de même à l'égard de toutes nos cultures. Semez une poignée de blé dans un petit massif de jardin : il y a gros à parier que les moineaux ne vous en laisseront pas recueillir un seul grain. Faudrait-il en conclure que la culture du blé est un leurre, et qu'en semant cette graminée, nos agriculteurs ne travaillent que pour les moineaux ? Ce serait assurément absurde.

Concluons donc que l'éducation en plein air (la seule admissible) de la chenille séricigène qui nous occupe, de même que celle de toutes les autres espèces de Vers à soie sauvages, ne donnera des résultats positifs et fructueux que lorsqu'on la pratiquera sur une grande échelle ; qu'elle sera, comme toutes les cultures agricoles, passible du tribut qu'il faut payer aux nombreux êtres que la nature nous impose l'obligation de nourrir en échange des services qu'ils nous rendent de leur côté, bien que, le plus souvent, nous ne sachions pas les apprécier ; qu'enfin, le plus sage est d'en prendre son parti, en faisant aux parasites une bonne et large part. S'il est reconnu, par exemple, que chaque pied de Ricin peut nourrir 50 Vers, mettons-en 60, même 75 s'il le faut, et, en abandonnant ainsi à nos inévitables larrons une proie sacrifiée d'avance, nous sauverons probablement l'intégralité de la récolte prévue.

Il est bon de remarquer que la disparition des Vers a lieu principalement pendant les deux premiers âges ; que durant ces deux périodes ils mangent fort peu, et que, par conséquent, en forçant le nombre des jeunes Vers, on ne s'expose qu'à une perte très-minime de feuilles. Lorsqu'une fois ils ont accompli leur deuxième mue, les oiseaux ne les attaquent plus guère qu'avec une certaine réserve. On voit ceux-ci, — après capture d'un Ver qui, par sa force d'adhérence au végétal, leur a offert une résistance plus ou moins longue, et qu'à raison de sa taille, ils ne peuvent ingurgiter tout d'un coup, — on les voit, dis-je, s'en aller au loin manger, en la déchiquetant à loisir, la grosse proie ainsi conquise avec assez de peine. A la même phase de leur existence, les Vers sauvages ne sont plus attaqués par les fourmis, les araignées et tous les petits insectes carnassiers. La guêpe seule, de tous leurs ennemis le plus redoutable, continue à leur faire une guerre acharnée. Il faut voir avec quelle ardeur elle les cherche sous les feuilles où ils se cachent, avec quelle féroce avidité elle les attaque. Il semble vraiment qu'elle ne soit animée que par un sentiment de cruauté, par une jouissance du carnage. J'ai vu fréquemment des guêpes tomber sur des vers de 6 à 7 centimètres de longueur, près de filer leurs cocons, et leur faire avec leurs mandibules une large blessure par où le sang s'écoulait en abondance ; puis, après avoir savouré quelques gouttes de ce sang, qui paraît avoir pour elles tout l'attrait d'un véritable nectar, abandonner pantelante leur malheureuse victime pour se mettre en quête d'une nouvelle proie à sacrifier. Leur voracité est telle qu'il m'est arrivé maintes fois de saisir avec des pinces une guêpe en train de se repaître d'un de mes Vers, et chez laquelle la satisfaction de son appétit sanguinaire l'emportait même sur l'instinct de sa conservation.

Mais ces incidents, si douloureux pour l'expérimentateur, qui voit ainsi de jour en jour disparaître l'un après l'autre les objets de ses soins et de ses études, ne seront pas plus remarqués, dans une grande éducation, que la perte du blé que viennent chaque année, au moment de la moisson, dévorer, jusque sous les yeux des cultivateurs, ces effrontés pillards ailés qui se jouent des épouvantails au moyen desquels on cherche vainement à les éloigner.

Restons, dès lors, bien convaincus que plus on étendra l'éducation en plein air des Vers à soie sauvages, moins on aura à se préoccuper de pertes rentrant dans la même catégorie que celles éprouvées par les autres récoltes, à l'égard desquelles il faut toujours faire entrer en ligne de compte un certain déchet, appelé coulage par les hommes du métier.

Si j'avais besoin d'exemples pour appuyer les notions que je viens d'exposer, j'en trouverais de concluants dans les quelques exploitations d'une certaine importance que nous connaissons et que j'ai déjà citées : ainsi M. de Milly vous a fait savoir, l'année dernière, que 50 000 Vers déposés par lui sur une haie d'Ailantes bordant une grande route, près de Mont-de-Marsan, lui avaient donné 97 kilogrammes de cocons pleins ; or, comme il est reconnu qu'il en entre 500 au kilogramme, le déchet ne serait que de 3 pour 100, bien que l'éducation ait été faite dans des circonstances de lieux des plus défavorables et qu'elle ne couvrît guère que quelques ares de terrain. M. le comte de Lamote-Baracé, le premier qui ait entrepris l'élevage en plein air dans des proportions relativement assez considérables, et qui, depuis quatre ans, ne cesse de leur donner de nouveaux développements, fait à peine mention, dans les divers rapports qu'il a dressés de ses éducations, du déchet produit par le fait des oiseaux ou des insectes. Il n'en tient aucun compte et ne s'en préoccupe aucunement, et pourtant il opère au milieu de cette plantureuse Touraine, où les oiseaux et les insectes de toute sorte doivent foisonner.

On ne doit pas s'étonner que je m'empare des deux exemples qui précèdent, bien qu'ils s'appliquent au *Bombyx Cynthia* ; car personne n'ignore la complète analogie de mœurs qui existe entre celui-ci et le *Bombyx Arrindia*, dont je m'occupe plus spécialement. Du reste, les rapports qui vous ont été communiqués sur les éducations de l'*Arrindia* de M. Meyer, à Montévidéo, et de M. le comte de Vega-Grande, à la grande Canarie, ne font pas plus mention de la destruction des Vers sur leurs plantations de Ricin qu'il n'en a été fait à l'égard des grandes éducations du Bombyx de l'Ailante en France.

Il y a donc lieu encore de rejeter l'obstacle provenant de ce fait parmi ceux qui ne sont pas de nature à arrêter une sérieuse exploitation industrielle des diverses races de Vers à soie sauvages qui font l'objet de votre constante sollicitude.

Il me reste, pour terminer cette discussion, une dernière objection à combattre, un dernier doute à lever.

Est-il certain, a-t-on dit, que la valeur du produit couvre les frais de l'éducation et présente un résultat rémunérateur?

J'ai déjà montré que la majeure partie des dépenses qui entraient dans le décompte du prix de revient établi par M. Hardy étaient susceptibles, les unes d'une suppression complète, les autres d'une réduction considérable.

D'un autre côté, étant admise la culture en plein air, — la seule possible industriellement, — les frais de culture du Ricin ne devront point entrer en ligne de compte, puisqu'ils seront couverts, et bien au delà, par la récolte annuelle de la graine de Ricin, ainsi que cela a déjà été admis en principe.

Dès lors les seules dépenses à faire ne consisteront plus que dans les soins à donner, à la maison, aux petits travaux préliminaires de l'éducation; dans les frais de transport et de dissémination des jeunes chenilles; enfin dans la cueillette des cocons et leur rentrée à la ferme.

On verra, par le détail des opérations successives auxquelles donne lieu une éducation complète, combien sont minimes les frais qu'elles entraînent; et pourtant, quelque peu importants qu'ils soient, ces frais me paraissent-ils encore pouvoir être diminués dans une notable proportion.

Les cocons contenant les chrysalides vivantes ont été enfilés en chapelets et suspendus dans une pièce dont la température moyenne ne sera pas descendue au-dessous de 8 à 10 degrés centigrades.

Lorsque cette température se trouve élevée de 20 à 25 degrés, soit naturellement, soit par des moyens artificiels, on voit, au bout de vingt-cinq à trente jours, apparaître de magnifiques papillons, dont les dimensions surprennent au premier abord, à raison du mince volume des cocons d'où ils sont sortis. A peine délivrés de leur étroite prison, ils s'accrochent par les pattes aux parois des cocons et y restent, sans bouger, jusqu'à la nuit, déployant peu à peu leurs grandes ailes et paraissant s'habituer à leur nouvelle existence.

Le soir venu, les mâles prennent leur essor et voltigent,

avec une vivacité comparable à celle des chauves-souris, en quête de leurs femelles ; celles-ci, restant immobiles sur les cocons, semblent attendre pudiquement que leurs futurs époux viennent leur faire l'hommage de leur amour.

L'accouplement se fait à l'entrée de la nuit et dure environ vingt-quatre heures ; une fois la fécondation accomplie, les femelles deviennent à leur tour très-vives et volent en tous sens dans l'appartement, à la recherche, semble-t-il, du végétal sur lequel leur instinct les pousse à déposer leurs œufs, afin que leur progéniture trouve en naissant, à sa portée, l'aliment qui lui est propre. A son défaut, et la ponte ne pouvant être retardée, elles déposent çà et là, partout où elles s'arrêtent, des paquets de huit à dix œufs agglomérés et fixés au moyen d'une matière gommeuse qui les enduit.

Pour ne pas être exposés à perdre une partie des œufs ainsi épars dans tous les coins de la chambre et pour que la fécondation de la graine ne soit pas douteuse, M. Guérin-Méneville a conseillé, et tous les éducateurs, je crois, ont adopté, pour recueillir la ponte, un système assez primitif et qu'il faudra nécessairement modifier dans la grande éducation.

Tous les soirs, les papillons sortis pendant la journée sont réunis dans de grands paniers, des garde-manger de toile métallique ou des caisses dont les parois vides sont garnies d'un tissu très-léger et très-clair, afin que l'air puisse y circuler abondamment. Ces sortes de cages sont, s'il se peut, placées dehors, pour dissimuler autant que possible, aux papillons, essentiellement sauvages, leur état de captivité. Notre lépidoptère étant classé dans la grande famille que Latreille a désignée sous le nom de Nocturnes, le rapprochement des sexes n'a lieu que pendant la nuit. On a donc soin, tous les matins, de retirer avec précaution les couples réunis et de les déposer dans une deuxième cage, semblable à la première et qu'on appelle chambre de ponte, pour la distinguer de l'autre, qui est la chambre des mariages. On a dû préalablement garnir les parois intérieures de cette cage de toiles, de cartons ou simplement de feuilles de papier mobiles, sur lesquels les femelles déposent leurs œufs dès que les mâles les ont abandonnées. Ceux-ci, redevenus libres, sont réintégrés dans la chambre aux mariages, où, lorsqu'ils sont forts et bien constitués, ils ne tardent pas à contracter une deuxième et même une troisième union.

Chaque jour on enlève, en les renouvelant, les parois mobiles chargées d'œufs; ceux-ci en sont ensuite détachés au moyen d'un couteau à papier de bois ou d'ivoire, avec lequel on les gratte légèrement pour ne pas les casser; puis ils sont déposés dans des sébiles de papier et laissés à l'air libre sous une température de 20 à 25 degrés et dans une atmosphère légèrement chargée d'humidité, qu'on entretient au moyen d'un vase rempli d'eau exposée à une évaporation naturelle.

Au bout de dix à douze jours, le jeune Ver ronge l'une des extrémités de l'œuf qui le contient, et, à peine sorti, se met incontinent en campagne à la recherche de sa nourriture. Il est donc essentiel de ménager aux jeunes chenilles un point de ralliement, en tenant à leur portée des feuilles du végétal qu'elles appètent. Elles s'empressent d'y monter et s'y réunissent par groupes de 15 à 20, à la partie inférieure des feuilles, dont elles ne tardent pas à ronger les bords.

Tant que la feuille conserve un reste de fraîcheur, les Vers continuent, après chaque repas, d'y reformer leurs groupes et y restent fort tranquilles; mais, dès qu'elle se flétrit, leur activité renaît, et les voilà partis dans toutes les directions, en quête d'un aliment plus appétissant.

Il est donc indispensable de leur présenter constamment une pâture conservant la fraîcheur qui seule peut les retenir. A cet effet, on dispose des feuilles dont le pétiole plonge dans des vases remplis d'eau, sur lesquelles les chenilles passent promptement dès que celles qui les ont nourries jusque-là commencent à se dessécher.

En renouvelant ces feuilles aussi souvent que cela devient nécessaire, on obtient aisément, dans le cabinet, une éducation complète; mais cela demande beaucoup de soins et une attention soutenue. Peu de personnes, je crois, — à moins que ce ne soit comme sujet d'étude ou de récréation, ainsi que je l'ai fait moi-même, — seraient disposées à s'imposer le souci d'une pareille éducation domestique.

Il est beaucoup plus simple, — et c'est d'ailleurs ce qui se pratique le plus généralement, — de lâcher les Vers en plein air sur les plantations dès le troisième ou le quatrième jour après leur naissance, en fixant par un moyen quelconque, aux tiges des arbustes, les feuilles sur lesquelles ils se trouvent, après avoir calculé approximativement les quantités de chenilles que peuvent nourrir les plants dont on dispose.

Il n'y a plus, dès lors, à s'en occuper autrement que pour éloigner, autant que faire se peut, les ennemis, en grand nombre, qui ne tardent pas à les assaillir, précaution, du reste, qui n'est utile que pour une petite éducation, et qu'il y a lieu de négliger absolument, s'il s'agit d'un élevage sur une grande échelle. Les chenilles, mises au régime d'une entière liberté, accomplissent leurs quatre mues successives beaucoup mieux et plus promptement qu'en chambre close. Elles commencent à filer leurs cocons au bout de trente jours environ, un peu plus un peu moins, suivant le degré d'élévation de la température.

Tous ces détails, on le voit, bien qu'assez minutieux, n'exigent pas une main-d'œuvre très-dispendieuse, mais seulement beaucoup de soins et d'attention. Quels qu'ils soient, du reste, ils ne me paraissent pas applicables à une éducation agricole et industrielle de proportions importantes.

Si j'avais à diriger une semblable exploitation, je voudrais faire complétement disparaître toutes ces manipulations des papillons, des œufs, des chenilles. Je les supprimerais d'un seul coup, au grand avantage, assurément, de mes élèves. Je réduirais ainsi la main-d'œuvre, et partant la dépense, aux proportions les plus exiguës.

Voici quelle serait ma manière de procéder :

Je construirais un grand hangar (une sorte de volière) entièrement clos de toile métallique, sauf par le haut, qui serait couvert de la façon la plus économique. Ce hangar aurait 2 mètres de hauteur sur 5 à 6 de largeur. Sa longueur serait proportionnée à l'importance de l'exploitation.

Je le diviserais en deux compartiments d'inégale longueur. Le premier, le plus petit, serait garni au milieu d'une tablette divisée en cinq ou six cases; elle aurait 50 à 75 centimètres de largeur et serait élevée de 75 centimètres au-dessus du sol. Chacune des cases de ma tablette recevrait des cocons près d'arriver à leur terme d'éclosion et de dates différentes, bien qu'assez rapprochées.

Je considère comme absolument inutile l'enfilage en chapelets et la suspension des cocons. Je me suis assuré qu'en les déposant purement et simplement sur une surface plane, les papillons n'en sortent pas moins bien. Il faut seulement ménager à leur portée des surfaces perpendiculaires, — que leur offriront les séparations des cases, — attendu qu'ils paraissent avoir besoin d'un plan incliné sur lequel ils puissent prendre une position verticale au sortir des cocons.

Je déposerais dans la première chambre, — celle des papillons, — un ou deux pots ou caisses dans lesquels j'aurais à l'avance cultivé un pied de Ricin.

Autant que possible, je ferais circuler, dans toute la longueur de mon hangar, un petit filet d'eau, et, à son défaut, j'entretiendrais constamment, dans les deux compartiments, de grands vases remplis d'eau.

Ceci fait, j'attendrais patiemment la sortie des papillons et je les abandonnerais à leurs instincts naturels, bien convaincu qu'ils ne tarderaient pas à s'accoupler d'eux-mêmes, et que les femelles ne manqueraient pas d'aller déposer leurs œufs sur les tiges ou sous les feuilles des Ricins.

Il n'y aurait, dès lors, plus d'autre besogne à faire que d'enlever, chaque matin, les pieds de Ricins chargés d'œufs, de les transporter dans la deuxième partie du hangar, — qui serait la chambre des chenilles, — et de les remplacer par de nouvelles caisses.

Le deuxième compartiment, beaucoup plus vaste que le premier, se garnirait ainsi, jour par jour, de pieds de Ricins sur lesquels, sans aucune intervention étrangère, les jeunes Vers écloraient, croîtraient, sans y être aucunement inquiétés, pendant sept, huit, dix jours, jusqu'à ce que la feuille, commençant à leur manquer, on en effectuât le transport dans la plantation, sans leur faire subir encore le moindre dérangement ; car il suffirait de dépoter le Ricin chargé de Vers et de le mettre en terre au milieu de ceux végétant en plein champ, afin que les chenilles pussent aisément passer sur ceux-ci et se disséminer d'elles-mêmes sur la haie continue de Ricins, au centre de laquelle elles auraient été déposées.

Mon système me paraît réunir toutes les conditions d'un succès assuré. En effet, mes jeunes Vers se trouvent soustraits à toute espèce de manipulation, d'inquiétude, de privation, même momentanée ; ils sont exposés à toutes les influences normales du grand air, bien que conservés dans un état de claustration indispensable pour les garantir des ennemis sans nombre qui les poursuivent pendant les premiers jours de leur existence. Je ne les abandonne à une entière liberté que lorsqu'ayant atteint un certain développement, les chances de perte se trouvent considérablement diminuées.

Il serait difficile, je crois, de se rapprocher plus que je ne le fais de la marche indiquée par la nature, dont on doit, à mon avis, s'efforcer de suivre le plus servilement possible les errements, persuadé que l'on peut être que ses prescriptions sont toujours rationnelles, et que, hors de la voie tracée par elle, on ne rencontre le plus souvent que des écueils.

Il est dès à présent facile de comprendre à quel chiffre insignifiant je réduirais les premiers frais de l'éducation, lesquels, d'après le mode suivi jusqu'à ce jour, ne laissent pas de présenter une certaine importance relative.

Il ne me resterait plus à pourvoir qu'aux dépenses occasionnées par la récolte et le transport des cocons ; mais celui-ci devant se faire journellement par le retour à la ferme de la voiture qui aurait transporté aux champs les pots de Ricins chargés de Vers, le coût s'en trouverait notablement amoindri.

Je voudrais arriver à régulariser mes éducations, — dans les contrées où elles pourraient être permanentes,—de façon que chaque jour de l'année amenât invariablement la même série de travaux, qui, en définitive, se réduiraient à ceux-ci :

Échange, dans la chambre des papillons, des pieds de Ricins chargés d'œufs contre de nouveaux plants ; enlèvement et transport aux champs des arbustes peuplés de jeunes Vers ; enfin rentrée à la ferme des cocons récoltés dans la journée, en profitant du retour des gens et de l'attelage.

Je ne sais si je me fais illusion ; mais il me semble qu'au moyen d'une organisation aussi simple et aussi méthodique, on arriverait à une incontestable supériorité sur toutes les autres exploitations agricoles ; car on n'aurait point à subir les irrégularités périodiques inséparables de toutes nos cultures, qui laissent aux cultivateurs de longs chômages dans certaines saisons, tandis que d'autres présentent une surabondance de travaux telle, qu'il faut avoir recours à des bras étrangers, — que l'on ne peut pas toujours se procurer facilement, — pour mener à bonne fin telles récoltes dont la rentrée ne souffre aucun retard.

Je dois encore, messieurs, faire ressortir à vos yeux deux avantages assez importants qui seraient le résultat de la mise en pratique des idées que je soumets humblement à votre appréciation.

Les diverses opérations que nécessiterait mon système d'élevage du *Bombyx Arrindia* n'exigeant point de connaissances spéciales, ni même une intelligence au-dessus de la plus ordinaire, une ferme de très-vastes proportions, de cent hectares, si l'on veut, — en Égypte ou en Algérie, — pourrait être tenue par un seul Européen, surveillant et dirigeant, secondé par des bras indigènes, fellahs ou bédouins en Égypte, arabes ou kabyles en Algérie. Il n'est pas jusqu'aux Biskris et aux Mzabites, celles de toutes les races algériennes qui présentent le moins d'aptitude aux travaux agricoles, que l'on ne pût utilement employer dans une exploitation comme celle dont il s'agit.

En dépotant et en mettant en terre chaque jour quelques pieds de Ricins chargés de Vers, on rencontrerait la précieuse occasion de renouveler incessamment les plants atteints de maladie, ceux brisés par les ouragans ou commençant à

vieillir. On entretiendrait de la sorte les plantations au grand
complet, dans un état d'éternelle jeunesse et dans un plein
rapport. On éviterait la nécessité d'un renouvellement inté-
gral, grosse dépense qui, tous les huit ou dix ans, viendrait
lourdement grever l'entreprise, s'il fallait faire de nouveaux
semis pour remplacer une vieille plantation dont la végétation ne serait plus assez active.

Tous ceux qui ont la moindre habitude des travaux de la
campagne conviendront qu'il est impossible de trouver une
exploitation agricole plus simple et moins coûteuse. Elle n'exige
en effet, ni vastes constructions, ni matériel dispendieux, ni
machines, ni bêtes de somme en grand nombre. Avec un
cheval, une voiture et une famille comptant trois ou quatre
femmes ou enfants, on arriverait sans peine à subvenir à tous
les besoins d'une vaste exploitation ; tous les travaux néces-
sités spécialement par l'industrie séricigène dont il s'agit,
pouvant être facilement confiés à des femmes et à des enfants,
pour lesquels ils ne constitueraient pas même un travail fatigant. Notons, en passant, que tous ces frais, — qui, par leur
nature, sont évidemment assez minimes, — décroîtront dans
une proportion inverse de celle dans laquelle s'augmenterait
l'importance des éducations.

Je crois donc pouvoir affirmer, au moyen des données ci-
dessus, que le prix de revient des cocons sera fort peu élevé ;
qu'il sera notamment bien inférieur à celui du Coton, qui
exige une culture annuelle très-soignée et passablement dis-
pendieuse.

Voyons maintenant quelle pourrait être la valeur vénale de
nos cocons.

Pendant longtemps on a pensé qu'ils n'étaient susceptibles
de fournir qu'une bourre de soie propre à être cardée, pei-
gnée et filée. Même dans cette hypothèse, toutes les chambres
de commerce, toutes les sociétés industrielles de nos grands
centres manufacturiers, auxquelles il a été présenté des échantillons de ce produit, ont unanimement reconnu qu'il était
éminemment propre à de magnifiques transformations, et
qu'il y avait tout lieu d'espérer que, lorsque la production en

serait suffisamment développée, l'industrie ne manquerait pas d'en tirer un excellent parti.

En 1859, un de nos plus éminents confrères, M. le docteur Sacc, vous rendait compte des expériences pratiques faites sous ses yeux, à Guebwiller, par l'un des plus habiles filateurs de l'Alsace, M. Henri Schlumberger, qui, après avoir traité les cocons du Ver à soie du Ricin à peu près comme on traite les cocons percés du Ver à soie du Mûrier, en obtenait divers produits de qualité et de valeur différentes, et concluait à une estimation de 3 fr. 80 par kilogramme de cocons vides, soit de 3 francs, valeur vénale, en raisonnant toujours sur la supposition qu'ils n'étaient susceptibles d'être convertis qu'en bourre de soie.

Nous verrons tout à l'heure qu'aujourd'hui on est déjà bien loin de ces premières appréciations.

Même à l'état de simple bourre de soie, la matière textile qui nous occupe rentrerait dans la catégorie des galettes et fantaisies, de la laine, du coton et autres matières propres à filer, sur lesquelles d'ailleurs elle l'emporterait de beaucoup, d'un côté par ses brillantes et solides qualités, par l'abondance de sa production, pour ainsi dire incessante, et de l'autre par un prix de revient notablement inférieur.

Mais jusqu'alors on commettait une grave erreur, en alléguant que les cocons naturellement ouverts du *Bombyx Arrindia*, — de même que ceux du *Cynthia*, avec lesquels ils ont une complète similitude, — ne pouvaient pas se dévider. Vous avez vous-mêmes, messieurs, constaté le contraire, en décernant une grande médaille d'or extraordinaire de 1000 fr. à M. Guérin-Méneville, l'infatigable initiateur, le zélé propagateur de l'éducation des nouveaux Vers à soie sauvages, *pour l'acclimatation accomplie d'une nouvelle espèce de Ver à soie produisant de la soie bonne à dévider et à employer industriellement.* Vous avez, en outre, accordé deux de vos grandes médailles d'or hors classe à Mᵐᵉ la comtesse de Corneilhan et à M. le docteur Forgemol, qui, simultanément et sans se connaître, avaient trouvé un procédé semblable pour le dévidage des cocons des Vers à soie du Ricin et de l'Ailante.

Cette année enfin, ces faits sont entrés dans le domaine industriel et pratique. Un habile filateur de la Drôme, M. Aubenas, de Loriol, à qui S. M. l'Empereur vient d'accorder une récompense bien plus magnifique encore que celles dont vous pouvez disposer, — la croix de la Légion d'honneur, — M. Aubenas, dis-je, possède un vaste établissement dans lequel, par des procédés très-simples et des plus économiques, il obtient, avec les cocons ouverts de l'*Arrindia* et du *Cynthia*, les magnifiques et solides soies gréges et moulinées dont M. Guérin-Méneville a récemment mis sous vos yeux quelques flottes qui ont conquis tous vos suffrages.

A raison des faits nouveaux qui se sont produits dans le traitement des cocons du *Bombyx Arrindia*, il y a évidemment lieu d'augmenter, dans une large proportion, leur valeur vénale, qui n'avait été fixée, en 1859, qu'à 3 francs. Je crois que, grâce à l'excellence des nouveaux produits obtenus, je ne serai pas taxé d'exagération en portant aujourd'hui cette valeur à 5 francs par kilogramme de cocons vides.

Dès lors on peut affirmer que le prix de vente de nos produits sera non-seulement rémunérateur, mais qu'il sera de nature à procurer de très-beaux bénéfices aux industriels qui voudront s'occuper sérieusement, et sur une large échelle, de l'élevage du Ver à soie du Ricin.

Disons bien vite, afin d'éviter tout reproche de partialité, que notre nouvelle soie, malgré l'estime dont elle commence à jouir, est de beaucoup inférieure, sous presque tous les rapports, à la soie du Mûrier, avec laquelle elle ne saurait jamais entrer en concurrence. Néanmoins le cas élevé qu'en font tous les manufacturiers qui l'ont vue, appréciée et expérimentée — et qui est tel que plusieurs sociétés industrielles, notamment celles de Mulhouse et de Reims, ont institué des primes pour l'encouragement de sa production, — nous est un sûr garant que le débouché commercial et industriel ne fera jamais défaut à la soie de l'*Arrindia*. A supposer même que son apport sur le marché atteignît progressivement les proportions les plus colossales, il en résulterait seulement ceci : que nous verrions la nouvelle matière textile remplacer peu à peu le coton dans l'industrie et le réduire aux plus infimes usages. Qui donc pourrait se plaindre d'un tel résultat ? Ce ne seraient assurément pas les populations, non plus que notre industrie nationale.

Je crois, messieurs, avoir passé en revue toutes les objections faites à l'éducation industrielle, en plein air, du *Bombyx Arrindia*, aussi bien que de son congénère le *Cynthia*, auquel peuvent également s'appliquer, en grande partie, mes raisonnements. Or, ces objections, il me semble que la discussion et l'expérience en ont fait complétement justice. Et pourtant l'éducation du Ver à soie du Ricin se trouve aujourd'hui tellement abandonnée, qu'il serait peut-être difficile de trouver en Europe, ailleurs qu'au Muséum d'histoire naturelle et à votre Jardin d'acclimatation, un seul cocon d'*Arrindia* pur, c'est-à-dire non croisé de *Cynthia* ; car, au lieu de chercher à surmonter les difficultés d'éducation de celui-là, on a trouvé plus simple de les tourner, en créant des métis des deux espèces, sans prendre garde qu'on sacrifiait ainsi la qualité la plus précieuse du premier, sa phénoménale fécondité.

Il faut bien le reconnaître, l'impossibilité de l'acclimatation complète en Europe du *Bombyx Arrindia* tient à cette circonstance particulière à l'insecte qui nous occupe, qu'originaire des provinces du Bengale situées entre les 24ᵉ et 25ᵉ degrés de latitude, il n'est point sujet à l'hivernage comme tous les insectes habitants des contrées plus froides. Surexcitées par la température tropicale sous laquelle il est né, toutes les fonctions vitales prennent chez lui une activité telle, qu'accomplissant en quarante jours le cycle entier de son existence, il donne de huit à neuf générations par an. D'autre part, d'après les lois immuables de la nature, l'arbuste sur lequel il trouve sa nourriture devait nécessairement présenter un phénomène analogue de constante végétation, afin que les jeunes Vers qui naissent en toutes saisons sur ses feuilles pussent toujours y trouver une nourriture fraîche et abondante. Aussi, quels que soient les artifices auxquels on a recours, chez nous, pour substituer au Ricin, dans le but de nourrir l'*Arrindia*, une foule de succédanés, on peut, je crois,

dire avec assurance, que ces procédés factices, — très-curieux
à étudier comme observations scientifiques, — sont absolument impraticables dans une exploitation industrielle, et que
le *Bombyx Arrindia* et le Ricin sont aussi inséparables l'un de
l'autre que le sont le *Bombyx Mori* et le Mûrier. Or, le Ricin,
pas plus que son parasite, ne pouvant supporter la température hivernale de nos contrées, nous devons renoncer à l'espoir d'y acclimater complétement le *Bombyx Arrindia*, et nous
contenter d'une acclimatation partielle ; elle me paraît possible au même titre que l'a été celle du Ricin lui-même,
lequel, ne pouvant être cultivé chez nous comme arbuste vivace, donne lieu néanmoins, comme plante annuelle, à des
cultures industrielles qui ne laissent pas d'être fructueuses.

Voyons donc par quels moyens nous pourrions arriver à
élever le *Bombyx Arrindia* parallèlement à la culture du Ricin.

Et d'abord il faut vérifier quelle est la limite de latitude où
cesse la possibilité de l'acclimatation complète.

Nous avons vu qu'on a dû y renoncer successivement dans
le midi de la France et en Italie ; qu'à Malte, où sont éclos les
premiers œufs venus de l'Inde, le premier hiver qui a surpris
les chenilles les a toutes tuées. Sir William Reid, le savant
gouverneur de l'île, vous informait, le 4 juillet 1855, qu'après
avoir vu, pendant l'été de 1854, ses Vers croître et multiplier,
dans des proportions considérables, il avait eu la douleur de
les perdre jusqu'au dernier, pendant les mois de décembre et
de janvier suivants. Il concluait de ce fait que le climat de
Malte ne pouvait leur convenir, et qu'il y avait lieu, pensait-il,
de renoncer à l'espoir de les y acclimater sans moyens artificiels.

D'un autre côté, il résulte des nombreux comptes rendus
qui vous ont été adressés par M. Hardy, qu'il en est absolument de même à Alger, où il s'est trouvé dans la nécessité de
chauffer, pendant les mois d'hiver, les chambres dans lesquelles se font ses éducations.

Nous pouvons tirer de tous ces faits l'induction à peu près
positive que le *Bombyx Arrindia* n'est pas viable à l'air libre,
pendant l'hiver, au-dessus du 37ᵉ degré de latitude, qui est

approximativement celui de l'île de Malte et des côtes de l'Algérie.

Mais là s'arrête, je crois, messieurs, la limite extrême de la zone interdite à l'accomplissement successif et non interrompu, en toutes saisons, des diverses phases d'existence de l'*Arrindia*.

En effet, nous voyons M. le comte de Vega-Grande réussir à souhait, aux Canaries, sous 28 degrés de latitude ; M. Meyer nous annonce qu'à Montévidéo, sous le 35ᵉ parallèle, il obtient les résultats les plus satisfaisants. Nous devons donc rechercher quels sont, à notre portée, dans le bassin de la Méditerranée par exemple, les contrées qui offrent les conditions climatériques indispensables pour l'acclimatation du précieux insecte qui nous occupe ; car il serait par trop pénible de renoncer à un aussi fécond producteur d'une matière textile réunissant à tant de qualités solides et brillantes celle non moins appréciable d'un prix de revient des plus minimes.

La basse Égypte, et notamment l'isthme de Suez, situés entre les 30ᵉ et 31ᵉ degrés, me semblent devoir être la contrée par excellence où l'on pourrait développer, sur la plus large échelle, l'éducation du *Bombyx Arrindia*. Les terrains légers, sablonneux et calcaires de l'isthme, une fois accessibles à l'irrigation qui leur est promise, me paraissent être prédestinés à la culture du Ricin, et, par suite, à l'élevage de son intéressant Ver à soie, qui, sous l'influence de la température très-peu variable de l'Égypte, s'y acclimaterait indubitablement, sans la moindre difficulté, et donnerait, toute l'année, d'abondantes et riches récoltes de cocons. De même qu'en Algérie, le Ricin croît en Égypte spontanément et sans culture. Que ne devrait-on donc pas attendre des moindres soins qui lui seraient donnés, et surtout d'un arrosage, quelque parcimonieux qu'il pût être, pendant le temps des grandes sécheresses ? M. Meyer vous a dit que, sur les bords de la Plata, il se dispensait complétement d'irrigations et même de tous soins de culture.

Ainsi que je l'ai déjà démontré, il est probable que le prix de la graine du Ricin couvrirait largement tous les frais de culture, et que le produit de la soie, presque tout entier, constituerait le bénéfice net de l'opération. Or, si l'on veut bien considérer que l'*Arrindia* se reproduirait probablement sept ou huit fois au moins par année ; que même il ne serait pas impossible, au moyen d'un roulement intelligent, d'obtenir du Ricin la nourriture, non pas seulement de sept ou huit générations de Vers, mais peut-être de dix ou douze, on demeurera convaincu que l'industrie dont il s'agit est susceptible d'atteindre les proportions les plus vastes et les plus fructueuses.

Je viens de parler de la possibilité de nourrir sur la même plante dix et même douze générations de Vers ; ceci mérite explication. Vous savez tous, messieurs, que, durant son existence complète de quarante à quarante-cinq jours, notre insecte ne mange, à l'état de larve, que l'espace de vingt à vingt-cinq jours environ. Il ne fait même une sérieuse consommation de feuilles que pendant dix à douze jours au plus, c'est-à-dire pendant les trois derniers âges de sa vie de chenille. L'étude de la question se réduirait conséquemment à rechercher quel est le laps de temps nécessaire à la plante pour remplacer par de nouvelles pousses les feuilles dévorées par les Vers. La prodigieuse activité de végétation de cet arbuste, lorsqu'il ne manque ni de chaleur, ni d'eau, doit nous faire croire que ce temps serait très-court, bien que variable suivant les circonstances de saisons et de terrains.

L'acclimatation du *Bombyx Arrindia* en Égypte n'aurait pas que l'avantage, déjà considérable, de procurer un fructueux revenu des terres sur lesquelles on l'élèverait ; elle rendrait encore parfaitement praticable son éducation temporaire, dans tous les pays qui entourent la Méditerranée, non-seulement dans les régions où le Ricin peut se cultiver à l'état de plante vivace, mais encore dans celles-là même où il ne peut l'être que comme plante annuelle, et notamment dans le midi de la France. Nul doute que les agriculteurs de nos départements méridionaux ne trouvent là un jour une nouvelle source de richesses ; car, malgré la nécessité où l'on est, dans ces contrées, de semer le Ricin annuellement, nous avons bon nombre de localités où, en ne cultivant cette plante qu'au point de vue unique de la récolte de ses graines, les agriculteurs y trouvent déjà, sans doute, une suffisante rémunération, puisqu'ils persévèrent dans ce genre de culture. Combien ne seraient pas augmentés leurs bénéfices, si, tout en ramassant leur récolte ordinaire de graines, ils pouvaient faire trois ou quatre éducations d'*Arrindia* ! Elles leur seraient d'autant plus profitables qu'ils n'auraient pas à se préoccuper du soin de conserver la race, du moment qu'ils pourraient tirer d'Égypte, chaque année, la quantité de graine insectifère dont ils auraient besoin pour leur première éducation, ainsi que le font la plupart des sériciculteurs pour la graine du *Bombyx Mori*.

Les œufs restent dix à douze jours sans éclore, et les communications sont aujourd'hui extrêmement rapides; de sorte que les éducateurs de la France, de l'Algérie, de l'Italie, de l'Espagne, en un mot de tout le bassin méditerranéen, seraient parfaitement en mesure de recevoir la graine d'Égypte dans d'excellentes conditions, si même ils ne préféraient, pour plus de garanties, faire venir des cocons vivants de ladite contrée, ceux-ci pouvant impunément voyager pendant vingt à vingt-cinq jours.

Ne vous semble-t-il pas, comme à moi, messieurs, qu'il y a là en perspective une nouvelle et importante branche de commerce et d'industrie?

Les hommes pratiques et positifs, ceux qui ne se payent pas des spéculations quelquefois un peu fallacieuses de la théorie, voudraient sans doute savoir, d'une manière catégorique, quels seront en définitive les frais de la culture dont il s'agit, quelles les recettes, quels les produits nets.

Tant qu'une longue expérience pratique n'aura pas résolu ces questions, il sera assurément impossible de les trancher d'une façon nette et précise; car, bien qu'on ait l'habitude de dire que les chiffres sont des arguments irrésistibles, je sais trop combien on doit se défier des calculs de la théorie, pour oser garantir la solidité des miens. Les calculs fondés sur des données hypothétiques ressemblent à celui que ferait un cultivateur qui, voulant apprécier la récolte probable d'un champ de blé, sèmerait quelques grains dans un pot à fleurs. Il est bien certain que son expérimentation lui donnerait plusieurs centaines de grains pour un. Mais quelle ne serait pas sa déception s'il ensemençait un hectare de terre avec la perspective d'un semblable rendement! Hâtons-nous de dire aussi que si sa petite culture expérimentale était abandonnée en plein air, les oiseaux ne lui laisseraient probablement pas un seul grain à récolter. Dans l'un comme dans l'autre cas, les calculs de la théorie seraient également trompeurs, bien que reposant en apparence sur un fait positif. On ne peut donc, en matière agricole surtout, s'en rapporter qu'à une longue pratique et à une observation rigoureuse des faits accomplis sur une échelle suffisamment large et pendant un temps plus ou moins long.

Tout en décréditant à l'avance les calculs basés sur des données expérimentales restreintes, ou même sur les faits les mieux établis par la théorie, je me hasarderai pourtant à indiquer ici ceux qui sont résultés pour moi de prémisses d'une incontestable exactitude.

Je crois pouvoir admettre, d'après des expériences contrôlées par bon nombre d'expérimentateurs et par moi-même, qu'un pied de Ricin, après trois ou quatre mois de semis, pourra nourrir aisément cinquante chenilles de *Bombyx Arrindia*.

J'ose espérer que tous ceux qui se sont occupés de cette éducation sur la plante même, — éducation dans laquelle il n'y a pas un atome de feuille perdue, — trouveront cette première donnée modérée.

Il est bien entendu que, pour obtenir cinquante cocons, je ferais la part des parasites auxquels, bon gré, mal gré, il faut payer tribut, et c'est soixante à soixante-quinze jeunes Vers que je poserais sur chaque pied de Ricin.

Je suppose que la plantation occupe un terrain d'un hectare régulier, 100 mètres de long sur 100 mètres de large. J'ai semé les graines de Ricin à 50 centimètres d'intervalle, sur deux lignes espacées également de 50 centimètres et en quinconce, de façon que les larges feuilles et les rameaux des arbustes se touchent, se croisent, et forment ainsi une espèce de haie sans aucune interruption. Je laisse entre chacune de ces lignes doubles continues un intervalle de 2 mètres, pour la circulation ; ainsi chacune d'elles prendra $2^m,50$ sur la largeur du terrain. Celui-ci, étant au total de 100 mètres, comprendra quarante lignes. Chaque ligne double de plants espacés de 50 centimètres, ayant 100 mètres de longueur, contiendra 400 plants. Les quarante lignes donneront donc, pour le total d'une plantation d'un hectare, 16000 plants.

Si, comme je l'ai admis plus haut, chaque pied de Ricin donne cinquante cocons, les 16000 en fourniront 800000.

J'ai déjà expliqué comment il serait peut-être possible d'obtenir des Ricins de dix à douze récoltes de cocons par an ; il faudrait pour cela que la feuille mangée pendant dix ou douze jours, pût se reproduire en vingt-cinq à trente jours. Malgré la grande activité de végétation du Ricin, ce délai est peut-être un peu court ; portons-le donc à quarante jours, qui iront même jusqu'à cinquante, en y ajoutant les dix jours durant lesquels a lieu la grosse consommation des feuilles. Il suit de là que nous pourrons recommencer une nouvelle éducation tous les cinquante jours, temps à peu près nécessaire également pour la succession d'une nouvelle génération de Vers à celle qui l'a précédée. Nous arriverons conséquemment à faire sans peine au moins sept éducations complètes par année.

Si chaque éducation produit, comme nous venons de le voir, 800000 cocons, les sept en donneront, par hectare et par année, 5600000.

Prenons, parmi les différentes expériences de pesage qui ont été faites, tant à Alger qu'à Paris, le chiffre le moins élevé qui ait été indiqué, celui de 4000 cocons vides au kilogramme : les 5600000 ci-dessus pèseront 1400 kilogrammes, lesquels, à raison de 5 francs l'un, chiffre dont je crois avoir établi plus haut la parfaite modération, donneraient un revenu brut de 7000 francs par hectare.

Si même nous n'évaluons les cocons qu'au prix de 3 francs, qui a été jusqu'ici le prix coté commercialement, alors que le dévidage des cocons ne se pratiquait pas encore, et qu'on ne

pouvait en tirer que de la bourre de soie, nous aurions encore
un produit annuel de. . . . . 4200 fr.

Et si à ce chiffre, déjà fort respectable, on ajoute
la valeur de la graine du Ricin, que M. Hardy vous
a dit devoir être, par hectare, de. 1400

On arrive à un produit brut, par hectare, de. . 5600 fr.

Toutefois ce chiffre est tellement phénoménal, que je
renonce à en faire usage et à en tirer aucune conclusion, si
ce n'est, comme je l'ai déjà dit, que dans la pratique agricole
surtout, on ne doit accepter qu'avec la plus grande réserve
les calculs de la théorie, fussent-ils d'ailleurs, comme ceux
qui précédent, de la plus parfaite exactitude mathématique et
basés sur les données les plus modérées ; c'est-à-dire, en d'autres termes, que les hommes prudents ne doivent tenir un
compte sérieux que des résultats bien positivement acquis par
une longue et consciencieuse expérience.

Quoi qu'il en soit, messieurs, permettez-moi d'espérer que
la Société impériale zoologique d'acclimatation partagera
mon opinion, qu'il serait profondément regrettable de voir
tarir définitivement la féconde source de riches produits que
nous offre le *Bombyx Arrindia*.

Peut-être la Société, qui a déjà prodigué, pendant de lon-
gues années, ses encouragements de toute sorte pour l'acclimatation de ce précieux insecte, jugera-t-elle qu'avant de le
reléguer parmi les êtres inacclimatables, il y a encore quelques efforts à faire, quelques tentatives à provoquer dans le
sens d'une pratique large et décisive. Il me paraît qu'aujour-
d'hui la théorie a suffisamment rempli sa tâche, et que maintenant c'est aux hommes d'action qu'il conviendrait de faire
appel.

Ne serait-il pas vivement à désirer, par exemple, qu'il se
rencontrât quelqu'un qui, s'éclairant de la longue et savante
expérience de notre dévoué confrère M. le directeur du
jardin d'acclimatation d'Alger, et complétant, sur des bases
suffisamment étendues, les études pratiques et réellement
agricoles auxquelles M. Hardy n'a pas eu la possibilité de se

livrer, voulût bien tenter en Algérie l'éducation de l'*Arrindia* en plein air, sur une grande échelle.

Il paraît toutefois, d'après les observations de M. Hardy, que le Ver à soie du Ricin ne peut pas supporter dehors l'abaissement de la température hivernale du climat de l'Algérie. Mais, dans cette hypothèse, ce serait pendant deux mois à peine qu'on se verrait forcé de le rentrer en chambre chaude. On n'aurait probablement qu'une seule éducation conservatrice de la race à faire ainsi à couvert; ce n'est donc guère que pendant une trentaine de jours qu'on se trouverait dans la nécessité d'ajouter une dépense de chauffage aux frais généraux de l'opération annuelle. Pendant trente jours environ, que l'insecte reste dans son cocon, à l'état de chrysalide, non-seulement il serait inutile de le placer dans une température élevée, mais on devrait même chercher pour lui un milieu relativement froid, afin de retarder autant que possible, pendant les mois d'hiver, la transformation de la chrysalide en papillon.

La dépense extraordinaire dont il s'agit influerait d'autant moins sur le résultat général, qu'elle porterait sur une plus grande masse de produits, et il est évident qu'en définitive elle ne grèverait pas fortement le prix de revient de la récolte annuelle des cocons. Dût-on même être astreint à deux éducations en chambre, ce dont je doute, et dût-on les chauffer pendant deux mois, trois mois même, comme il suffirait d'une température moyenne de 15 à 18 degrés centigrades, cela ne constituerait pas encore une charge assez lourde pour enlever au producteur une très-large rémunération de ses peines et de ses avances.

N'y a-t-il pas lieu d'espérer, en outre, que, ainsi que cela a été observé sur une foule d'autres races animales acclimatées depuis plus ou moins longtemps, les mœurs du *Bombyx Arrindia* se modifieraient promptement; que ses habitudes et son tempérament se plieraient aux exigences du nouveau climat sous lequel il se trouverait transporté? Que, pendant l'hiver, ses transformations successives se ralentiraient dans leurs diverses évolutions, et qu'après avoir peut-être un peu souffert d'un abaissement de température qui, d'ailleurs, n'est jamais considérable dans les plaines de l'Algérie, il finirait par s'y accoutumer, en un mot, par s'y acclimater complétement ?

L'acclimatation n'est, en définitive, autre chose que l'art d'assouplir aux conditions d'un climat nouveau des animaux ou des végétaux originaires de latitudes variant plus ou moins avec celles sous lesquelles on les transporte ; art qui consiste essentiellement à trouver les gradations successives, et presque toujours indispensables, suivant lesquelles peut s'opérer utilement la transition d'une zone à une autre. En procédant par soubresauts, en franchissant d'un seul coup, comme on l'a fait d'abord pour le *Bombyx Arrindia*, l'énorme différence de 25 degrés de latitude, on rencontre inévitablement l'insuccès. *Natura non facit saltum.*

Ces principes sont les vôtres, messieurs ; ils ont été maintes fois proclamés dans votre enceinte ; mais encore est-il bon de les rappeler, surtout lorsque, comme dans la circonstance actuelle, un échec des plus regrettables a été le résultat de leur mise en oubli.

Du reste, l'acclimatation progressive de notre Bombyx indien en Algérie est d'autant plus probable, que toutes les personnes qui, comme moi, ont pu s'occuper de petites éducations expérimentales, soit de l'*Arrindia*, soit du *Cynthia*, ont dû remarquer que les chenilles de ces lépidoptères peuvent supporter, sans périr, un abaissement assez sensible de la température, et que, dans ce cas, elles sont simplement un peu engourdies, moins vives ; qu'elles mangent moins, croissent par conséquent moins rapidement, et prolongent pendant six à huit semaines, à l'état de larves, une phase de leur existence qu'elles accomplissent en vingt-cinq ou trente jours, lorsqu'elles se trouvent sous l'influence d'une chaleur assez intense. Il en est de même de la transformation de la chrysalide en papillon, qui demande beaucoup plus de temps par une température peu élevée, et enfin des œufs qui, au lieu d'éclore en dix jours, par 20 à 25 degrés centigrades, demandent quelquefois jusqu'à vingt à vingt-cinq jours, si le thermomètre ne marque pas plus de 15 degrés.

Le seul résultat d'une température se maintenant au-dessous de ce dernier chiffre, sans pourtant descendre plus bas que 6 à 8 degrés, serait, ce me semble, de prolonger plus ou moins la durée de l'évolution complète de l'insecte ; évolution qui, dès lors, ne s'accomplirait qu'en soixante, qu'en quatre-vingt-dix jours peut-être, au lieu de quarante-cinq qui lui sont ordinairement nécessaires.

Au demeurant, la question, selon moi, ne pourra être considérée comme définitivement jugée, que lorsque des faits bien concluants seront venus formellement démontrer que l'acclimatation complète du *Bombyx Arrindia* en Algérie est irréalisable. Nous sommes loin d'en être là, et je crois pouvoir conserver l'intime et profonde conviction qu'elle est, je ne dirai pas facile, mais pour le moins possible.

L'industrie concernant la production de la soie du Ricin serait, pour notre belle colonie méditerranéenne, une acquisition d'autant plus précieuse, que ce qui arrête nos colons, dans la plupart des exploitations agricoles, c'est surtout la rareté des bras, et par conséquent le haut prix de la main-d'œuvre ; or, l'exploitation qui nous occupe échapperait en très-grande partie à cette difficulté, les opérations qu'elle comporte pouvant et devant être confiées, presque en totalité, aux mains des femmes et des enfants.

Si, comme j'en conserve l'espérance, l'acclimatation, au moins partielle, de l'*Arrindia* réussissait sur nos côtes algériennes, elle pourrait donner lieu à la création de fermes industrielles séricicoles qui emploieraient, pour leur exploitation, bon nombre de ces pauvres enfants confiés à l'assistance publique ; ils trouveraient là une occupation lucrative, salutaire à leur développement physique et moral, et peu fatigante ; car on peut considérer ces sortes de travaux plutôt comme une récréation que comme un pénible labeur.

Une fois acclimaté en Algérie, le Ver à soie du Ricin pourrait être successivement et graduellement amené à une facile éducation, d'abord en Italie, puis en France, au moins pendant la saison où le Ricin y croît ; condition essentielle, à mon avis, l'existence de l'*Arrindia* et celle du Ricin me semblant absolument isochrones.

Je ne crois pas (et, en cela, mon opinion se base sur une expérience personnelle très-positive et souvent renouvelée) que les espèces de Vers à soie sauvages, dont on cherche en ce moment l'introduction chez nous, soient véritablement polyphages, comme quelques personnes le prétendent. L'instinct de la conservation, caractérisé par la faim, peut bien les obliger à soutenir leur existence au moyen de certains végétaux autres que ceux qui constituent leur nourriture normale ; mais, en général, soumis à un semblable régime, ils mangent seulement pour ne pas périr d'inanition, croissent peu, émigrent de toutes parts à la recherche de leur aliment naturel, meurent en grand nombre, et, en somme, réussissent fort mal. J'ai essayé avec le *Cynthia*, plus rustique encore que l'Arrindia, plusieurs des succédanés préconisés par quelques expérimentateurs plus théoriciens qu'hommes pratiques, et je dois à la vérité de déclarer que je ne suis jamais parvenu à obtenir par ces moyens une bonne éducation. J'excepterai cependant l'Ailante et le Ricin, qui m'ont paru être, dans une certaine mesure, acceptés indifféremment par le *Cynthia* et par l'*Arrindia* ; ce qui, à raison de la grande affinité de ces deux espèces, n'a rien de surprenant ; mais cependant chacune d'elles témoigne une préférence bien marquée pour celui des végétaux dont elle porte le nom et dont elle paraît être spécialement le parasite naturel.

La nature, en effet, semble avoir affecté à chaque végétal un insecte particulier qu'il a pour mission de nourrir. Loin de chercher à intervertir les lois de la nature, faisons donc au contraire tous nos efforts pour nous en rapprocher le plus possible, et nous serons bien plus tôt, je crois, sur la voie du succès.

Dans le cas où le *Bombyx Arrindia* ne pourrait définitivement pas être acclimaté complétement en Algérie, il resterait, pour faire jouir nos manufactures des riches et abondants produits que doit leur fournir cet insecte séricigène, la ressource de l'acclimatation en Égypte, où du moins les grandes expérimentations de Montévidéo et des Canaries ne laissent aucun doute sur une parfaite réussite. On aurait alors recours au procédé que j'indiquais plus haut pour se procurer, au printemps de chaque année, la graine reproductrice nécessaire, en bornant les éducations à faire, soit en Algérie, soit dans le midi de l'Europe, aux sept ou huit mois pendant lesquels la température serait assez élevée (15 à 18 degrés environ) pour ne pas avoir à craindre d'exposer les chenilles au grand air.

Le *Bombyx Arrindia*, — à raison de son étonnante fécondité, de la quantité considérable et de la qualité de la matière textile qu'il est appelé à procurer à l'industrie des tissus, — serait assurément l'une des plus belles conquêtes que la Société impériale d'acclimatation pût enregistrer dans ses fastes. Ne serait-il pas bien regrettable que, sur les seuls arrêts de la théorie, — dont personne, je suppose, ne voudrait défendre l'infaillibilité, — et sans avoir épuisé toutes les données que la pratique peut encore fournir, on s'abandonnât à un fatal découragement et qu'on laissât perdre l'intéressant insecte qui a coûté tant de peines, tant de sacrifices, pour nous être apporté du fond de l'Hindoustan ?

Loin de moi la pensée de critiquer le moins du monde le récent engouement qui s'est attaché aux nouvelles importations des Vers à soie de l'Ailante, du Chêne, etc. Je me plais au contraire à reconnaitre que ces espèces sont bien mieux appropriées à notre climat que celle du Ricin. Mais, permettez-moi, messieurs, de souhaiter avec ardeur que quelque zélé praticien, s'éclairant des lumières qui, de tous côtés, sont venues se réunir au foyer central de votre illustre compagnie, veuille bien se dévouer à une nouvelle et décisive épreuve, sinon en France, au moins en Algérie et en Égypte, soutenu par l'espoir que les vœux et les encouragements de toute nature dont peut disposer la Société impériale zoologique d'acclimatation l'accompagneront dans une entreprise peut-être plus difficile que je ne le crois, mais constituant en quelque sorte une œuvre nationale et humanitaire.

Je termine, messieurs, par ces paroles si justes et, en toute

circonstance, si sages, de M. le docteur Joly, votre savant délégué à Toulouse ; paroles que j'aurais pu prendre pour épigraphe et que j'extrais du remarquable rapport qui vous a été lu dans la séance du 29 juin 1860 : « Courage, prudence
» et persévérance. Pas d'enthousiasme irréfléchi, qui compromet les meilleures causes ; mais aussi pas de dénigrement
» systématique et presque à priori, qui sème le découragement
» là où devrait naître l'espoir, peut-être même la richesse. »

POST-SCRIPTUM.

Au moment de mettre sous presse la reproduction de notre mémoire, nous trouvons dans le *Bulletin* du mois de janvier 1864, de la Société impériale d'acclimatation, deux notes qui viennent remarquablement corroborer deux des faits principaux discutés et établis par nous.

La première de ces notes est ainsi conçue :

« M. le secrétaire donne communication d'une note dans
» laquelle madame la comtesse de Corneilhan informe la
» Société des heureux essais d'introduction et d'élevage du
» Ver du Ricin, faits par ses ordres, sur une grande échelle,
» dans des terrains laissés jusqu'à présent en friche, dans la
» portion arrosée de la Guyane hollandaise, où elle possède
» une propriété. Le succès a dépassé toutes ses espérances
» avec une race d'*Arrindia* à cocons blancs, qu'elle avait
» obtenue à Paris.

» Cette tentative a donné des résultats tels, que madame de
» Corneilhan croit pouvoir s'engager à fournir au commerce
» séricicole quelque cent mille kilos de cocons d'*Arrindia*
» race blanche, à dater d'avril et de mai 1864. »

C'est un troisième exemple à ajouter aux deux que nous avons cités, qui prouve surabondamment que la condition du succès de l'éducation en toute liberté du *Bombyx Arrindia*

consiste tout simplement à opérer sur la plus large échelle
possible, et à choisir une contrée dont la température ne des-
cende jamais au-dessous de 6 à 8 degrés centigrades, de façon
que la larve de l'insecte puisse vivre en plein air, en toute
saison, et que le Ricin ne gèle point.

Voici maintenant la deuxième note dont nous voulons
parler :

« M. Aubenas, filateur de soie, à Loriol (Drôme), présente
» à l'assemblée une collection d'échantillons de soies des
» cocons de *Bombyx Arrindia* et *Cynthia*, filés mécanique-
» ment à l'aide des appareils dont il est l'inventeur. »

Le dévidage pratique et économique des cocons naturellement ouverts de l'*Arrindia* et du *Cynthia*, qui avait, à une
époque antérieure, été déclaré impraticable, est donc bien
réellement un fait acquis, positif et désormais hors du domaine de la discussion. Ce fait est par lui-même d'une importance capitale, puisqu'on retire des cocons dont il s'agit de
la *soie grége*, et non plus seulement, comme on l'avait pré-
tendu d'abord, de la *bourre de soie*, circonstance qui, on le
comprend aisément, augmente dans une proportion considérable la valeur commerciale de ces cocons.

J. Roy.

Villiers-le-Bel, 21 mars 1864.